Richard Katalayi Kanyinda
Ziv Kabambi Katambwe
Richard Kamangu Kalonji

Escolha dos materiais de construção

Richard Katalayi Kanyinda
Ziv Kabambi Katambwe
Richard Kamangu Kalonji

Escolha dos materiais de construção

sobre a eficiência energética dos edifícios

ScienciaScripts

Imprint

Any brand names and product names mentioned in this book are subject to trademark, brand or patent protection and are trademarks or registered trademarks of their respective holders. The use of brand names, product names, common names, trade names, product descriptions etc. even without a particular marking in this work is in no way to be construed to mean that such names may be regarded as unrestricted in respect of trademark and brand protection legislation and could thus be used by anyone.

Cover image: www.ingimage.com

This book is a translation from the original published under ISBN 978-620-6-71260-2.

Publisher:
Sciencia Scripts
is a trademark of
Dodo Books Indian Ocean Ltd. and OmniScriptum S.R.L publishing group

120 High Road, East Finchley, London, N2 9ED, United Kingdom
Str. Armeneasca 28/1, office 1, Chisinau MD-2012, Republic of Moldova, Europe
Printed at: see last page
ISBN: 978-620-7-61895-8

Ziv Kabambi Katambwe[1] , Richard Katalayi Kanyinda[2]

Richard Kamangu Kalonji[3]

[1]Instituto do Património e dos Trabalhos Públicos (IBTP),

Mbujimayi, R.D. Congo

[2]Universidade Oficial de Mbujimayi (UOM), Mbujimayi, R.D.

Congo

[3]Instituto Superior de Comércio (ISC), Mbujimayi, RD. Congo

RESUMO

A eficiência energética permite reduzir o consumo de energia para uma determinada utilização, preservando o ambiente. O isolamento das paredes exteriores pode proporcionar um lucro de cerca de 22,7 %, o isolamento do telhado atinge 37,3 %, enquanto o isolamento do chão tem um impacto negativo no desempenho energético.

Palavras-Chave : *Materiais de construção, eficiência energética, trocas térmicas, simulação...*

NOMENCLATURA E CONCEITOS TÉRMICOS

λ   Conductivité thermique KJ/(h m K)
C   Capacité thermique KJ/(kg K)
d   Densité kg/m^3
e   Epaisseur m
E_U Energie utile KWh
U   Coefficient de déperdition des fenêtres W/(m^2.K)
g   Coefficient de transmission des fenêtres

- Condutividade térmica (λ): é a capacidade de um material

conduzir calor.

- A capacidade térmica (C) é a energia necessária para aumentar

a temperatura de um corpo em 1K.

- Coeficiente de perda de calor (U): é a condutividade térmica

de um material, reflectindo a sua capacidade de transmitir calor

por condução.

- Resistência térmica (R): corresponde à capacidade de um

material resistir ao frio e ao calor.

- Energia útil (E_u): é a energia disponível para o consumidor

após a conversão pelo seu equipamento (luz, calor, força motriz,

etc.)

1. INTRODUÇÃO

O sector da construção é considerado um grande consumidor de energia, e isto é particularmente verdade na África Central, onde o parque imobiliário explodiu no espaço de algumas décadas sem que a gestão da energia fosse tida em conta. Foi assim que surgiu a noção de eficiência energética, na sequência de uma sucessão de crises energéticas.

Esta situação significa que temos de estudar as formas mais eficazes de reduzir significativamente as necessidades energéticas das casas, sem ter de investir demasiado dinheiro e demasiadas pessoas. O nosso trabalho centrar-se-á, em primeiro lugar, na escolha dos materiais e, em seguida, na adequação do isolamento das fachadas exteriores.

Para perspetivar o presente estudo e identificar os pontos comuns e Fazem parte de uma dimensão nacional e internacional e demonstram o crescente interesse pelas questões relacionadas com a gestão da energia, nomeadamente no sector dos edifícios.

Os métodos de simulação são muito eficazes na análise energética dos edifícios, uma vez que tratam a maioria dos parâmetros significativos relacionados com o consumo de energia.Vários estudos numéricos têm sido realizados sobre a eficiência energética e a otimização de edifícios residenciais.

Foi efectuada uma comparação do consumo anual de energia entre as diferentes variantes (isolamento da cobertura e isolamento térmico). das paredes) para cada zona. O resultado global é que todas as soluções de isolamento propostas reduzem o consumo de energia, embora o isolamento exterior seja uma melhor solução energética do que o isolamento interior. O programa SimulArch utilizou um edifício existente, um apartamento T3 com uma superfície de 75 m2. O edifício tem uma estrutura de betão armado e uma cobertura de brise-block bastante leve na cidade de Mbujimayi. As medidas simuladas incluem o isolamento das paredes e a superfície envidraçada. A simulação do comportamento térmico da habitação em tempo

frio mostrou que o isolamento, por si só, reduziu as perdas de

calor em cerca de 25%. A melhor orientação, as superfícies

envidraçadas e o isolamento térmico são simulados com o

software TRNSYS. (simulador de sistemas transientes) para um

edifício situado na região mediterrânica, os resultados mostram

um ganho anual no consumo de energia de cerca de 27,59%

graças às três medidas combinadas e um desempenho energético

do edifício de 64 KWh/m2.ano.

2. PERMUTA DE CALOR

O calor é trocado no edifício de quatro formas através da envolvente: condução, convecção, radiação e evaporação ou condensação.

- **Condução**: a condução ocorre quando um fluxo de calor passa através de um material por contacto entre as moléculas mais quentes e as moléculas mais frias.

- **Convecção**: A convecção ocorre quando as moléculas se deslocam de um local para outro, trocando o calor que contêm.

- **Radiação**: é a troca de calor através do espaço por ondas electromagnéticas.

Como a luz, as ondas de rádio e os raios X, mas com um comprimento de onda diferente.

- **Evaporação ou condensação**: este fenómeno implica uma mudança de temperatura. do estado líquido ou gasoso) e produz absorção ou emissão de calor.

3. CONFORTO E EFICIÊNCIA ENERGÉTICA

3.1. Conforto

O conforto térmico foi definido como a satisfação com o ambiente térmico estabelecido pela troca de calor entre o corpo e o seu ambiente.

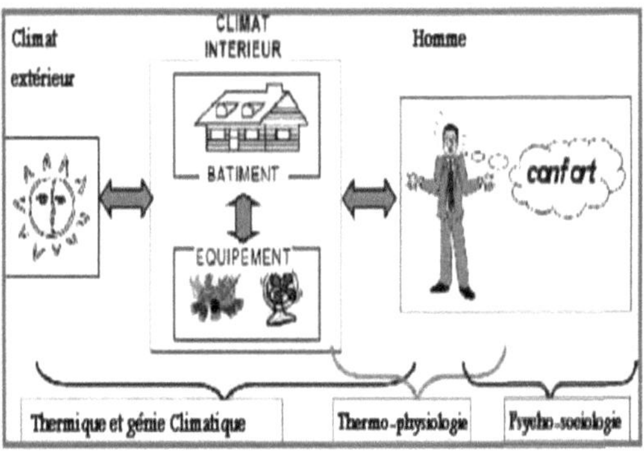

Figura 1: Fenómenos envolvidos nas características do conforto térmico

3.2. Eficiência energética

A eficiência energética é a minimização do consumo de energia para a prestação de um serviço. A conceção de edifícios eficientes do ponto de vista energético é um processo complexo.

A sua complexidade deve-se ao volume de informações que exige uma abordagem particular das escolhas técnicas e arquitectónicas feitas para este tipo de conceção.

Por exemplo, a forma, a compacidade e a orientação de um edifício têm um impacto significativo no seu desempenho energético, e a escolha errada dos materiais pode levar a falhas imprevisíveis que têm um impacto assustador no consumo de energia do edifício a longo prazo.

Ao adotar a abordagem da eficiência energética, o edifício passa a ter uma conceção sustentável, e a eficiência energética pode acomodar os ocupantes, pelo que o consumo de energia pode ser grandemente reduzido através da adoção de estratégias de eficiência energética no edifício.

4. OBJECTIVO DO ESTUDO

O objetivo deste estudo é avaliar a evolução das necessidades energéticas (em energia útil) em função da escolha dos materiais de construção, do seu isolamento e das condições de conforto térmico de um edifício residencial situado na África Central.

5. METODOLOGIA

Para estimar as necessidades energéticas neste estudo, foram efectuadas duas simulações térmicas dinâmicas: Uma simulação de caso base, que se baseia num modelo de base e que servirá de referência. Esta simulação baseia-se num modelo do projeto que utiliza as duas medidas de eficiência energética (escolha do material e isolamento térmico), cada uma das quais resultará numa necessidade de energia que será o ponto de comparação com o caso de base. A simulação será efectuada utilizando o software TRNSYS versão 16, e a sua interface TRNBuild (Tipo 56).

5.1. Parâmetros de construção do cenário de base:

5.1.1. Coordenadas geográficas

As coordenadas geográficas correspondem à cidade de Mbujimayi, situada no sudeste da República Democrática do

Congo Latitude: 6,9° Sul Longitude: 23,36° Este.

Temperatura média: 24°C Clima: tropical húmido Área: 135,12

km2 Precipitação média: 611,5 mm População: 3367582

habitantes Mbujimayi situa-se no planalto de Kasai, um planalto

suavemente ondulado que desce do oeste, a uma altitude de 583

m. (Fonte: Câmara Municipal de Mbujimayi).

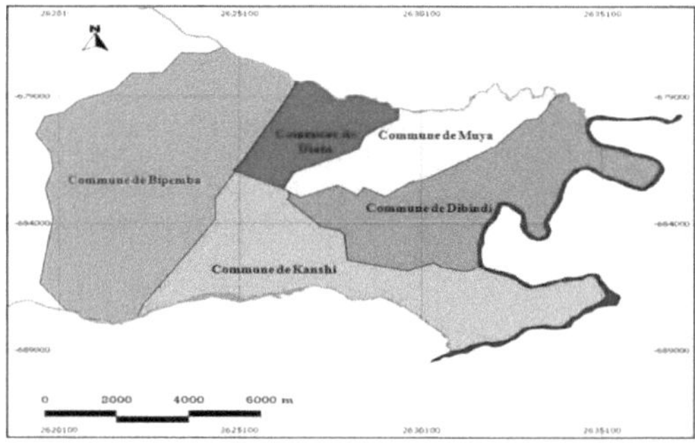

Figura 2: Mapa da cidade de Mbujimayi

5.1.2. Planta geral do edifício :

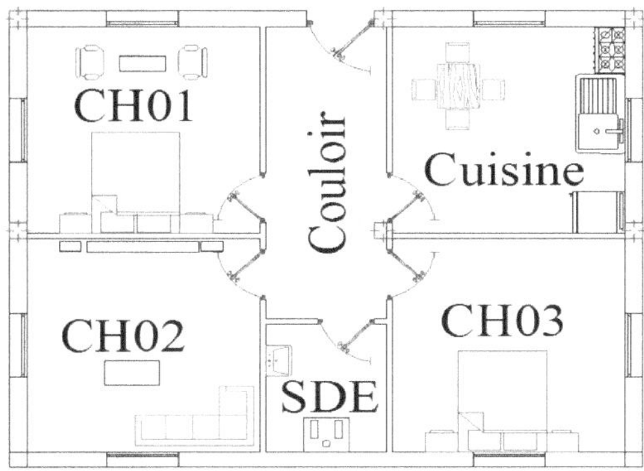

Figura 3. Planta geral do edifício do caso de referência

5.1.3. Dimensões do edifício caso de base

O edifício do caso de referência tem uma superfície de 80 m2 e

um volume de 240 m3. A entrada do edifício está virada para

norte. As paredes exteriores não isoladas são de tijolo oco com

15 cm de espessura, com reboco de argamassa de cimento no

exterior e gesso no interior; as divisórias são de tijolo oco com

10 cm de espessura e reboco de gesso em ambos os lados. O piso

inferior (a laje) é constituído por uma camada de pedra de 20

cm de espessura, seguida de 10 cm de betão, coberta de ladrilhos

(a sub-base é de argamassa de cimento com 2 cm de espessura).

A cobertura é de 20 cm de espessura de betão-hadi, com

betonilha de cimento e reboco interior. A área envidraçada é de

10% da área do piso (o que representa cerca de 6,67% de área

envidraçada por fachada). Com janelas de vidro simples que

têm um coeficiente U= 5,74 W/ (m2.K) e um coeficiente g=

0,87.

5.2. Tipo de materiais de construção A simulação basear-se-á

na adequação da escolha dos materiais para as fachadas

exteriores, pelo que utilizaremos cinco tipos de materiais para

além do nosso caso de base, nomeadamente o brise (10 cm e 20

cm), o betão e o tijolo oco (15 cm e 10 cm). A simulação

incluirá duas espessuras diferentes para o tijolo e o brise. A

escolha das espessuras dos materiais baseia-se na sua

disponibilidade no mercado. As características dos materiais são

descritas no quadro seguinte:

Tabela 1. Características dos materiais de construção

Matériaux	Conductivité thermique (KJ / hmK)	Capacité thermique (KJ / kg K)	Densité (Kg / m3)	Epaisseur (m)
Brique creuse	1.70	0.79	720	0.15
Brique creuse	1.80	0.79	720	0.10
Parpaing	4.007	0.65	1300	0.10
Parpaing	3.79	0.65	1300	0.20
Béton	7.56	0.80	2400	0.1

5.3. Impacto do isolamento

O impacto do isolamento estará no centro da segunda parte

deste estudo, uma vez que optámos exclusivamente pelo

poliestireno expandido como isolante com as seguintes

características térmicas:

λ=0,141(KJ/(h m K)), C=1,38(KJ/(kg K)) e

d=25(kg/m3).

O isolamento será utilizado em espessuras que vão de 1 cm a 10 cm, para as fachadas exteriores, o telhado e o piso inferior, a fim de determinar tanto a área que deve ser isolada em primeiro lugar como a espessura do isolamento que garantirá as necessidades energéticas óptimas.

6. RESULTADOS E DISCUSSÃO

6.1. Necessidade energética no caso de referência:

Este passo consiste em parametrizar o software TRNSYS com os dados característicos do caso base utilizando o TRNBUILD (Tipo 56) e os dados meteorológicos para Constantine, e definir o passo de cálculo para uma hora para cada iteração: A necessidade de energia é de 9180 (KWh/ano) para o aquecimento e de 11060 (KWh/ano) para o ar condicionado, o que dá uma necessidade total anual de 2024 (KWh). Para obter o rendimento energético do nosso caso de base, dividimos a necessidade total anual pela superfície do edifício80 m2. O rendimento energético do nosso caso é da ordem de 253 KWHEu/m2.ano.

6.2. Necessidades energéticas em função da escolha dos materiais de construção

Tabela 2. Necessidades energéticas em função da escolha dos materiais de construção

Matériaux	Besoin énergétique Kwh			Performance énergétique Kwh / m2.an	Economie d'énergie %
	Chauffage	Climatisation	Total		
Brique creuse 15cm	9180	11060	20240	253.00	
Brique creuse 10cm	10910	11590	22500	281.25	-11.17
Parpaing 10cm	12940	11780	24720	309.00	-22.13
Parpaing 20cm	10300	10690	20990	262.38	-3.71
Béton	12250	10600	22850	285.63	-12.90

6.3. Necessidades energéticas em função do impacto do isolamento

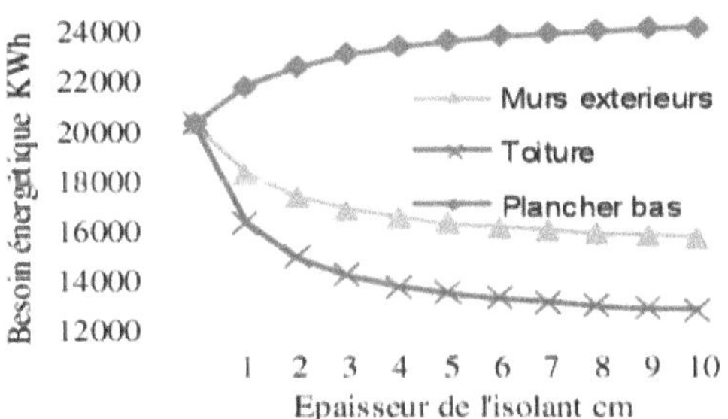

Figura. 4. Necessidades energéticas em função do impacto do isolamento

A escolha do material de construção e o impacto do isolamento foram importantes para determinar a necessidade total de energia.

Os resultados da simulação mostraram que a utilização de breezeblocks pode reduzir o desempenho energético em até 22,13%.

O impacto da escolha dos materiais de construção nas necessidades de energia útil pode atingir os 50%.

Os resultados mostraram que o isolamento do piso inferior teve um impacto negativo no ganho total de energia, enquanto o isolamento do telhado e das paredes exteriores teve um impacto significativo, embora em proporções diferentes.

O isolamento das paredes exteriores pode proporcionar uma poupança de cerca de 22,73%, mas o isolamento do telhado supera largamente o das paredes exteriores, pois quanto mais espesso for o isolamento do telhado, menor será a necessidade de energia para aquecimento e arrefecimento simultâneos, ao contrário do isolamento das paredes exteriores. No que diz respeito à espessura do isolamento, é necessário distinguir entre o isolamento das paredes exteriores e o isolamento do telhado, porque, no caso do isolamento das paredes exteriores, após uma espessura de 3 cm, a curva das necessidades energéticas para o ar condicionado volta a subir, ao contrário da curva para o isolamento do telhado, que sobe regularmente tanto para o aquecimento como para o ar condicionado.

Se olharmos para os resultados em pormenor, o primeiro resultado tem de ser qualificado, pois podemos ver que outros parâmetros têm de ser tidos em conta separadamente: as necessidades de arrefecimento e de aquecimento.

Considerando que o impacto do isolamento nas necessidades energéticas é proporcional à dimensão do edifício. a superfície a isolar, porque o isolamento do telhado, no nosso caso, é a melhor opção, e a espessura do isolamento também desempenha

um papel crucial, e um estudo caso a caso ajudará a determinar

a configuração ideal, integrando as duas propriedades.

7. CONCLUSÃO

Atualmente, o sector da construção é a alavanca mais importante para otimizar a eficiência energética. Em vez de subsidiar maciçamente o preço da energia, seria mais sensato utilizar os montantes financeiros afectados a este fim para financiar medidas de eficiência energética, porque só com o isolamento do telhado o ganho total de energia obtido é superior a 1/3 utilizando um isolamento convencional, quando este resultado pode muito bem ser melhorado utilizando materiais que respeitem o ambiente. A eficiência energética dos edifícios é um fator essencial e incontornável na escolha dos materiais de construção. No entanto, este trabalho demonstrou que todos os factores devem ser tidos em conta antes de qualquer ação. Esta abordagem implica uma reflexão prévia na fase de conceção para facilitar a integração de soluções de eficiência energética da forma mais optimizada possível.

8. REFERÊNCIAS BIBLIOGRÁFICAS

1. Fezioui N., et all: A casa tradicional com abertura horizontal:

uma tendência para a casa de energia zero nos climas quentes e

secos, Science

2. Frank Hovorka, Guy Jover, Richard Franck, "Eficiência

energética nos edifícios: otimizar o desempenho energético, o

conforto e o valor dos edifícios comerciais e industriais" (2015)

3. Regulamento térmico dos edifícios de habitação, regras de

cálculo das descargas caloríficas Fascículo 1 (D.T.R C3-2) 1972

4. S. Foura et M. Zerouala, "Simulation des paramètres

architecturaux du confort d'hiver" Sciences & Technologie D,

vol. 1, n° %126, 2007.

5. J. Samar e A. Salman, "Optimum, technical and energy

efficiency design of residential building in Mediterranean

region," Elsevier, vol. Energy and Buildings, no. %143, 2011.

6. R. Guechchati, M. Moussaoui, A. Mezrhab e A. Mezrhab,

"Simulation de l'effet de l'isolation thermique des bâtiments:

Cas du centre psychopédagogique SAFAA à Oujda," Revue des

Energies Renouvelables, vol. 13, n° %12, 2010.

7. Ernest NEUFEURT Les éléments des projets de construction

8emeEdition.Dunod, Paris, 2002

8. CLONED J, "Materiais de isolamento térmico para

edifícios", Centro de animação regional em materiais

avançados, maio de 2010.

9. COULOMB Philippe, HERMANN Guillaume, SARLIN

Sophie, L'isolation thermique dans la conception et la

réalisation des locaux de travail

10. HOLLAERT, Laurie "Analysis of financial profitability and

related benefits à l'isolation thermique : étude de cas adaptés au

modèle belge" Tese de mestrado, Université libre de Bruxelles

2014.

ÍNDICE DE CONTEÚDOS

Printed by Books on Demand GmbH, Norderstedt / Germany